JN091587

超カンタン!
今どきの自作PC

[スペック] CPU Core i5（第9世代）/RAM16GB/SSD500GB

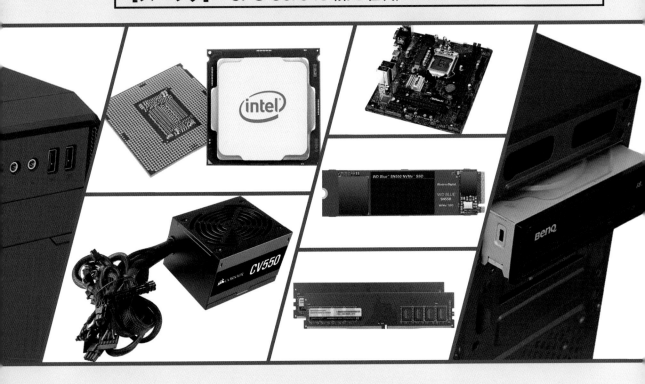

はじめに

「パソコンが起動しなくなった」「動作がなんか重い」「異音がする」「本体が熱くなりすぎている」…など、突然のトラブルが起こったときに、どうしていいか分からなくてアタフタしていませんか?

「ハードは苦手」「パソコンのフタを開けられない」「パワーアップしたいが、製品の違いが分からない」
…そんな苦手意識をもつ人は多いと思います。

　本書の【製作編】では、"自作PC"の経験がない方が、誰でも1台のPCを完成させられるほどに、「決められたパーツ」を使い、「全行程1コマ1コマの写真」を載せて、やさしく解説しています。

[引っかかるのはココ]

> パーツを揃えることができたら、工程の半分はクリア!
> "ラスボス"は、ケーブルの配線!

　本書は、「性能」や「コスパ」よりも、「まずは1台を完成させること」を目標とした入門書です。
　1台のPCを組み立てることができれば、今後さまざまなPCトラブルに見舞われたときにも、自分で対応できる自信が付いていることでしょう。

　【解説編】では、さらにステップアップしたい方に向けて、ベテラン技術者が、「自作PCのパーツの選び方」のポイントを解説しています。

　本書を読んで、ハードが苦手な初心者でも、楽しんでPCハードを触れるようになることを祈っています。

I/O 編集部

超カンタン！今どきの自作PC

CONTENTS

今どきの自作PC

[製作編]

「自作PCは初めて!」という初心者でも、「このパーツ」を、「この順番」で、「このとおり」に、取り付けていけば、きっとオリジナルPCが完成します!

第1章

「自作PC」の流れと準備

PCの組み立てに必要なパーツを揃えていきますが、初めて「自作PC」に挑戦する方は、ここが最大の難関になります。

しかし、必要なパーツさえ揃えてしまえば、"PC完成まで道のり"は、そう遠くはありません。

秋葉原電気街

1-1 必要な「パーツ」と「工具」

「自作PC」を組み立てるために、必要な「パーツ」や「工具」を揃えます。

■ 必要なパーツ

PC本体を作るためには、最低限以下のパーツが必要です。

・CPU
・マザーボード
・メモリ
・SSD
・電源
・ケース

また、PC本体が完成したら、

・OS（WindowsやLinux）
・キーボード
・マウス
・モニタ
・LANケーブルか無線LAN子機

を導入・接続して、初めてPCとして動くようになります。

必須ではありませんが、

・グラフィック・ボード
・内蔵HDD
・光学ドライブ（DVD、Blu-rayドライブ）
・増設メモリ

などを追加することで、さらにPCをパワーアップさせることができます。

■ 必要な工具、その他

PCを組み立てる工程において、

・プラスドライバー

は必須です。

その他、

・精密ドライバー　（M.2スロットのSSD取り付けでは必須）
・静電気防止手袋
・静電気防止マット

などがあると、いいかもしれません。

　あえて必要な物としては挙げませんが、スマホが1台あると、以下のようにいろいろ便利です。

・つまずいたときに、Webでちょこっと調べる。

・困ったときにベテランにメッセンジャーで聞く。

・ケースの中で配線するときなど、暗いところをスマホの懐中電灯で照らす。

・基板に書かれた小さな文字を、カメラで撮って拡大して確認できる

・作業BGMを流す。

1-2　組み立ての流れをイメージしよう

　実際に「自作PC」を完成させるまでをイメージしてみましょう。

＊

　本書で紹介するシンプルな入門機であれば、以下の手順でPCが組み上がります。

①「パーツ」と「工具類」を用意する

②「マザーボード」に「CPU」を取り付ける

③「CPU」に「CPUクーラー」を取り付ける

④「メモリ」を取り付ける

⑤「SSD」を取り付ける

⑥「電源」を取り付ける

⑦「ケース」に「マザーボード」を取り付ける

⑧「ケーブル」を配線する

⑨「キーボード」「マウス」「モニタ」「LANケーブル」をつなぐ

⑩「Windows10」のインストール

　上記でPC本体は完成ですが、さらにパワーアップしたいときは、

⑪グラフィック・ボードを取り付ける

⑫3.5インチ内蔵HDDを増設取り付ける

⑬5インチ光学ドライブを取り付ける

⑭Wi-Fi子機を取り付ける

などができます。まあ、出来上がってから考えればいいでしょう。

1-3　「パーツ」をどこで買うか

　パーツの入手先は、①実店舗、②ネット通販、③オークション——などいろいろありますが、初心者であれば、「パソコン専門ショップのネット通販」がいちばん無難です。

■ 実店舗

　秋葉原や大須、日本橋などの「電気街」や、「パソコン専門ショップ」、「家電量販店」など、実店舗で実際に製品を見たり、店員さんに話を聞いたりすると、非常に勉強になります。

　ただし、ネットショップでの購入に比べると多少販売価格が高くなることと、店を回るのに交通費が掛かったり、時間や労力がかかったりします。

　また、ネットショップのようにたくさんの在庫を置けるわけではないので、地方などに住んでいて、なかなか店舗に足を運ぶことができない人には、お勧めできません。

　でも、店に行けば勉強になりますし、楽しいです。

図1-3-1　実際に製品を見たり、店員さんと話をしたりするのは勉強になる

図1-3-2　日本橋でんでんタウン（大阪）と大須でんき街（名古屋）

■ ネット通販

　PCの前ですべての商品を比較的安く集められるし、商品を持ち帰る煩わしさもありません。また、地域格差がなくなり、誰でも同じようにパーツを揃えることができます。

　いちばんオススメの買い方と言えるでしょう。

　ただし、ネットならではのリスクも当然あるので、信頼できるネットショップを選ぶようにしてください。

図1-3-3　地域格差なくパーツが入手できる。通販の最大手「Amazon」

■ オークション、中古ショップ

　初めて「自作PC」に挑戦するような方には、オークションや中古ショップはお勧めしません。

　そのパーツの性能や扱い方が分かっているか、もしくは調べられるか。販売価格が見合っているか。保証なしで買っていいか。ネットでの個人同士のやり取りに慣れているか。

　…など、たとえ安く入手できたとしても、たくさんのリスクが付きまとい、結局は割高な商品になってしまうこともありますし、個人同士の取引だと、どうでもいいことでトラブルになることもあります。

　中、上級者になってから利用してください。

図1-3-4 掘り出し物やお宝もあるが、リスクもある。"見る目"が必要だ

図1-3-5 中古ショップは手にとって確認できるが、それでも知識は必要だ

第2章

PCを組み立てよう

実際にPCを組み立てます。「自作PC」に初めて挑戦するときはけっこう不安になりますが、とりあえず手順どおりに組み立てていけば、いつかは出来ます。頑張りましょう。

Intel Core i5 9400

2-1　組み立てる前に

　組み立てを始める前に頭に入れておきたいことと、本書で作るPCのスペックを書いておきます。

■ 平らで作業しやすい場所を確保

　組み立て上がるまでは、パーツや空き箱、説明書類、ネジなどの小物が散乱します。すぐに見つけられるように、ある程度広い場所を確保しましょう。

　また、ケースを横にしたり、縦にしたりして作業することがあります。平らな場所で、床が傷つかないように、マットなどで工夫してください。

■ 静電気対策製品もある

　昔から、「パソコンのフタを開けるときは静電気に注意！」パーツ類は、部品や端子類がむき出しになっているものが多いので、静電気を嫌います。そこまで気にする必要はないと言う人もいますが、「静電気防止マット」「静電気防止手袋」「帯電防止リストラップ」などの製品も販売されています。

　CPUの取り付けや細かい端子へのケーブル接続など、素手のほうが作業しやすい場合があります。

　その他、台所や洗面所など水回りのそばや、湿気が多い場所は気をつけましょう。

■ 本書の「自作PC」で用意したもの

　今回の自作PCで揃えたパーツは以下のとおりです。高性能でもなく、安さを意識したわけでもありません。ごく標準的でシンプルな構成にしています。

①PCを無難に使えて、②そこまで高くなくて、③誰でも作れそう

――という理由で選んでいます。

　ある程度分かる方は、下記のパーツ相当の製品で、自分なりに性能を上げたり、コスパ重視でパーツ選びをしてもいいと思います。

　しかし、よく分かっていない「自作PC初心者」の方は、まったく同じ製品、またはスペックが同等の製品を入手してください。

[PC本体を作るために必要なパーツ]

●CPU：Intel Core i5 9400 BOX　（Intel UHD Graphics 630）

　グラフィック・ボードを取り付けないので内蔵グラフィックがあり、CPUファンがセットのもの。

●マザーボード：ASRock B360M-HDV (B360 1151 MicroATX)

　上記CPUに対応したもので接続する機器の性能を殺さないもの。サイズは大きすぎず、取り扱いが標準的な「Micro ATX」。

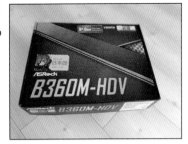

●メモリ：CFD W4U2666PS-8GC19 (DDR4 PC4-21300 8GB 2枚組)

　デュアルチャネルを活かすために2枚組でコスパがいい16GB（8GB×2のセット）。

●記憶装置：Western Digital WD BLUE 3D NAND SN550 NVMe WDS500G2B0C (M.2 2280 500GB)

　マザーボードに挿す500GBのSSD。容量が500GBあればHDD無しでも問題なさそう。

●電源：Corsair CV550 CP-9020210-JP (550W)

　500W前後で手頃なもの。

●ケース：SAMA 舞黒透 maikurosuke MK-01W (MicroATX アクリル)

　「5インチ」「3.5インチ」「2.5インチ」ベイがあり、自作PC
の勉強になりそうなもの。

[PCを動作させるために必要なもの]

●OS：Windows10 HOME (パッケージ版)

　「USBメモリ」で提供されていて取り扱いが楽。DSP版
と1000円差くらいで買えたため。

●その他

　キーボード、マウス、モニタ、LANケーブル…等。

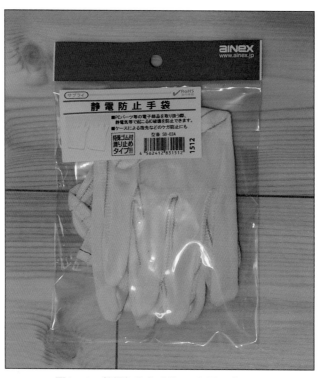

図2-1-8　静電気防止手袋は、必要に応じて

2-2 「CPU」の取り付け

　「マザーボード」に「CPU」を取り付けます。端子がむき出しの基板などを扱うときは、「静電気防止手袋」などをつけて作業しましょう。

[1] 「CPU」を箱から取り出す

図2-2-1　「マザーボード」と「CPU」の箱を用意します

図2-2-2　「CPUファン」を取り出すときは、裏側に付いているグリスが手に付かないように注意します

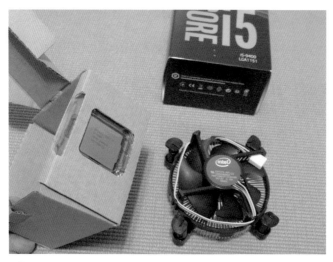

図2-2-3　「CPU」は箱の横の隙間にある。プラスチックのケースで保護されている

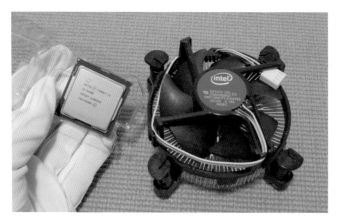

図2-2-4　端子がむき出しのパーツや基板を扱うときは、静電気防止手袋などして丁寧に

[2] 「マザーボード」を箱から取り出す

図2-2-5　「マザーボード」の箱を開ける

図2-2-6 中身を確認する

図2-2-7 「マザーボード」を袋から出す

[3]「CPUソケット」に「CPU」を取り付ける

図2-2-8 マザーボード上の「CPUソケット」と「レバー」が見える

図2-2-9　「CPUソケット」の「レバー」を持ち上げる

図2-2-10　「CPUソケット」が開く

切り欠きの部分
に合わせる

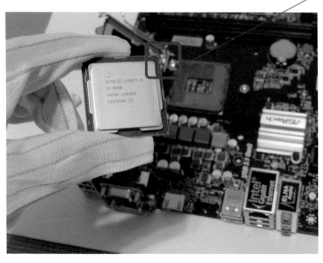

図2-2-11　切り欠きの部分を確認

図2-2-12 切り欠きの部分を合わせて取り付け

図2-2-13 「CPU」が「CPUソケット」に収まりまった

図2-2-14 「CPUソケット」の「レバー」を戻す

図2-2-15　「レバー」をしっかり止める

図2-2-16　CPUの「保護カバー」を外す

図2-2-17　CPUの取り付け完了！

2-3 「CPUクーラー」の取り付け

「CPU」の上に「CPUクーラー」(CPUファン)をかぶせます。裏側に塗られたグリスが手に付かないように注意して作業しましょう。

[1] 「CPUクーラー」のピンの向きを確認

図2-3-1 裏面に塗ってある「グリス」に注意して作業する

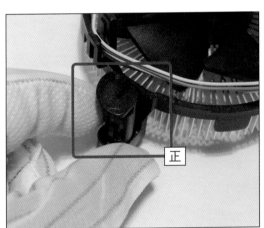 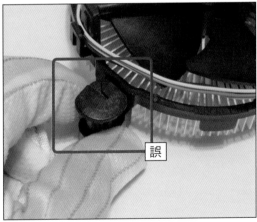

図2-3-2 CPUクーラーのピンの向きに注意
左の写真のようになっているか確認します。

[2] 巻かれた「電源ケーブル」を外す

図2-3-3　「CPUクーラー」に巻かれている電源ケーブルを外す

[3] 「CPUクーラー」用端子の位置を確認

図2-3-4　「CPU_FAN」と書かれている端子を確認

どの向きで設置すれば「電源ケーブル」がうまく収まるかをイメージしておきます。

[4] 「CPUクーラー」を取り付ける

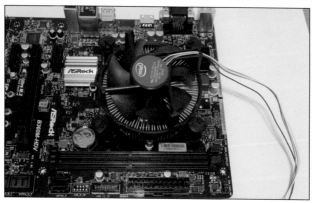

図2-3-5　ピンを穴に合わせて、「CPUクーラー」をかぶせる

図2-3-6 対角の順番でピンを押し込む

図2-3-7 ピンがしっかり押し込まれているか確認

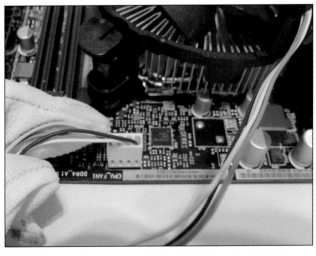

図2-3-8 「CPU_FAN」端子に「電源ケーブル」を挿す

図2-3-9　「CPUクーラー」の取り付け完了

2-4　「メモリ」の取り付け

　「マザーボード」に「メイン・メモリ」を取り付けます。メモリが認識されないときは、メモリの初期不良の場合もありますが、挿し方が悪くて認識されない場合もあります。カチっとなるまで、奥までしっかり挿します。

[1]　2枚組のメモリを使う

図2-4-1　「デュアル・チャネル」を活かすための製品
ここでは8GB×2枚組（合計16GB）のメモリを使います。

[2] メモリの切り欠きの確認とスロットのツメ

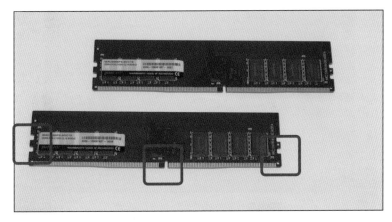

図2-4-2 切り欠きの位置を確認

図2-4-3 「マザーボード」の「メモリ・スロット」

図2-4-4 「メモリ・スロット」の「ツメ」を開く

29

図2-4-5　メモリの切り欠きの位置

図2-4-6　切り欠きを合わせる部分

[3] 切り欠きに合わせて左右均等の力で挿す

図2-4-7　メモリをメモリ・スロットにハメて、左右均等の力で押し込んでいく

図2-4-8　しっかり挿すと、"カチっ"とツメがロック

図2-4-9　2枚目のメモリも同様に挿す

図2-4-10　「メモリ」の取り付け完了

2-5 「SSD」の取り付け

　500GBクラスの「SSD」が手頃な値段で買えるようになったので、「ストレージ」(記憶装置)には、シンプルなマザーボードに直付け「M.2スロット用SSD」を使います。

[1] 「SSD」を箱から取り出す

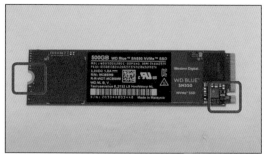

図2-5-1　箱から取り出した「SSD」
「SSD」の「切り欠き」を確認します。

図2-5-2　「マザーボード」と「SSD」
どちらも端子がむき出しなので、丁寧に扱います。

図2-5-3　「Ultra M.2」と書かれているスロットを確認

[2]「SSD」を「M.2スロットに」挿す

図2-5-4 表裏間違えないように「切り欠き」に合わせて「SSD」を挿す

図2-5-5 挿しただけだと、斜めの状態

[3] 「SSD」をネジ止めする

図2-5-6　「マザーボード」に付属の「M.2スロット用ネジ」を用意

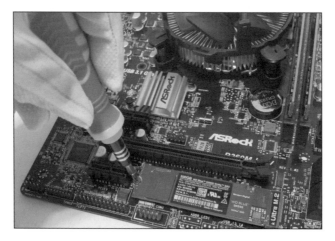

図2-5-7　精密ドライバーを使い「SSD」をネジ止めする

図2-5-8　「SSD」の取り付け完了

2-6 「電源」の取り付け

　「ケース」に「電源ユニット」を取り付けます。「内蔵HDDは交換したことあるけど、電源は…」という感じで、このあたりから「自作PC」に苦手意識を感じるのではないでしょうか。
　いちどやってみれば難しくないことが分かるし、すぐに慣れてしまうので、どんどん進めていきましょう。

[1]「ケース」と「電源ユニット」を用意する

図2-6-1　ネジをとって「ケース」の側面カバーを外す
ドライバーを使ってネジをとります。PCが完成するまで開けっぱなしになりますが、ネジをなくさないようにしましょう。

図2-6-2　「電源ユニット」を用意

[2]「電源ユニット」の取り付け場所を確認

図2-6-3　箱から「電源ユニット」を取り出します

図2-6-4　ケースを後ろから見る

電源ユニットは、
ここに配置

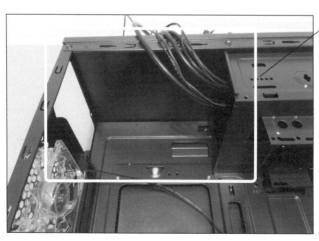

図2-6-5　ケースを上から見る

[3] 「電源ユニット」をケースにはめ込んでみる

「電源」の取り付け方は、「電源ユニット」や「ケース」によって、異なることがあります。

*

本書では、すでに「ケーブル」が付いた「電源ユニット」を、「ケース」に直にネジ止めしています。

製品によっては、「電源ユニット」に「ケーブル」を接続する必要があるものや、「電源ユニット」をパネルにネジ止めしてから、「ケース」に取り付けるものもあります。

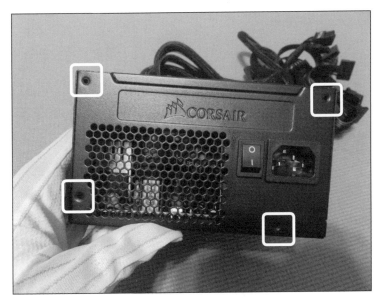

図2-6-6 ネジの位置を確認

図2-6-7 ネジ穴を合わせてみる

図2-6-8　上下に間違いがないか、しっかり固定できるか、など確認

[4]「電源ユニット」をネジで固定する

図2-6-9　「ネジ穴」がきちんと合っているか確認

図2-6-10 ドライバーを使ってネジ止め
一般的に「ネジ」はケースに付属しています。

図2-6-11 「電源ユニット」の取り付け完了
ファンが常に動くので、「ネジ」でしっかりと固定します。

2-7 「マザーボード」の取り付け

　PCの組み立ても終盤に向かいます。「CPU」や「メモリ」を取り付けた「マザーボード」を、「ケース」に取り付けます。

[1] I/Oパネルを取り付ける

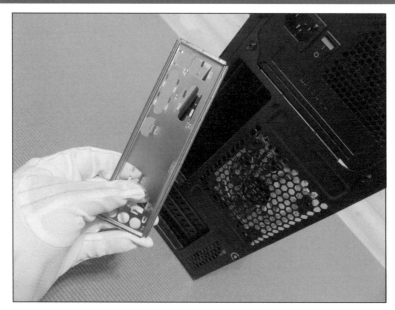

図2-7-1　「ケース」に付属の「I/Oパネル」を用意

図2-7-2　「ケース」の枠に押し込む

[2] マザーボードを取り付ける

　組み立てで使う「ネジ」の種類は多くありませんが、最初は、どの大きさの「ネジ」がどこで使われるのかが、ピンときません。

　基板などを取り付ける前に、試しに「ネジ」だけを回してみて、正しい「ネジ」かどうか、確認しておきましょう。

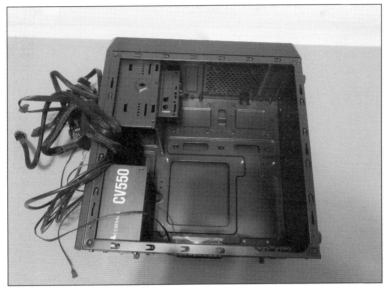

図2-7-3　取り付けやすいように、「ケース」を倒す
「マザーボード」には5つのネジ穴があります。「ケース」側の穴の位置も確認します。

図2-7-4　マザーボードに付属の「ネジ」を5本用意
試しにケース側の穴に入れてみて、正しく止められるネジか確認しましょう。

図2-7-5　「ネジ」を使い「マザーボード」を「ケース」に取り付ける

図2-7-6　「I/Oパネル」部分には、写真のように端子が出る

2-8 「ケーブル」の配線

　初めての「自作PC」の作業において、"最大の難関"が「ケーブルの配線」。ゲームで言うところの、"ラスボス"みたいなものです。

　ピンを間違えれば、ランプが付かなかったり、PCが起動しなかったり。最悪は、PCを壊してしまうかも……（滅多にないでしょうが、不安になりますね）。

　悩むのは、「ケース」や「マザーボード」によって「端子」の位置や「名称」が違ったり、接続するケーブルの「形状」や「本数」が違ったり……。かといって、丁寧な説明書もありません。

　ま、考え込んでもしょうがないので、腹をくくって先に進みましょう。レッツゴー！

[1] ゴチャゴチャを整理する

　「電源ユニット」からはたくさんの「ケーブル」が出ているし、「接続端子」も大きいものや小さいものが複数あり、目を凝らしても見えにくい小さな文字で印刷された端子の名称。頭が混乱します。

　ここはまず、整理をしましょう。
　今回は使わない「ケーブル」もあります。明らかにすぐ分かる太いケーブル大きな端子と、ゴチャゴチャ分かりにくい細いケーブルに小さなピン。これらを分けていきます。

図2-8-1　「電源ユニット」から伸びるケーブル
グチャグチャに絡まるこれらのケーブルは、どこに挿せばいいのか…。

図2-8-2　「SATA電源ケーブル」と「PCI-E電源ケーブル」
ここでは使わないので、他のケーブルとは離しておきます。それだけでもケース内がスッキリしてきます。

[2] 「ケーブル」を接続する端子を確認する

図2-8-3　「メイン電源ケーブル」を挿す端子
いちばん大きいソケット。分かりやすい「ケーブル」は最後に付けます。

図2-8-4 「12V電源ケーブル」
これも大きくて分かりやすいので、接続は後回しにします。

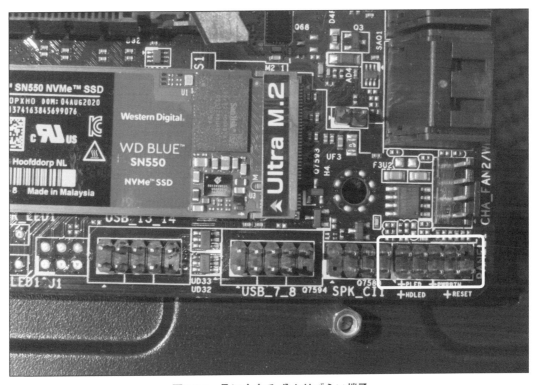

図2-8-5 見にくくて、分かりづらい端子
難関はこのあたりでしょうか。「ランプ」や「リセット」用のケーブルが細かく分かれています。

図2-8-6　「HD AUDIOケーブル」用の端子

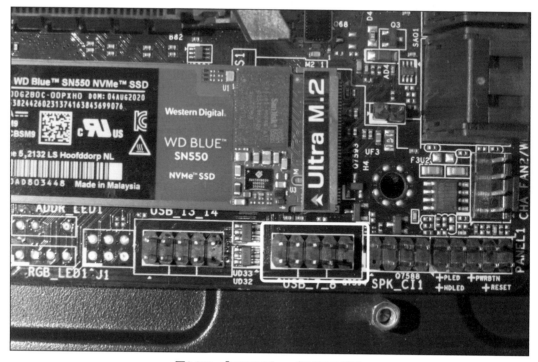

図2-8-7　「USB2.0ケーブル」用の端子

[3]「ケーブル」を接続する

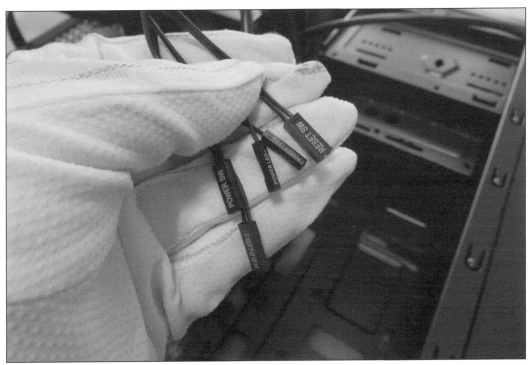

図2-8-8 「小さいコネクタ」のケーブルが"くせ者"
「マザーボード」上の端子も小さくて見えにくく、力加減に慣れてないと挿入しにくいです。

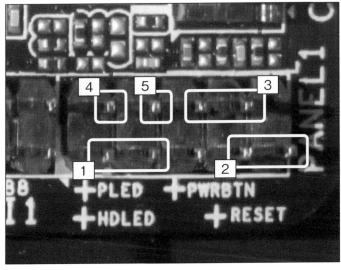

《対応しているケーブル》
① HDD LED
② RESET SW
③ POWER SW
④ POWER LED+
⑤ POWER LED-

図2-8-9 「PANEL1」端子の振り分け
基盤をスマホのライトで照らすと、小さいピンも見やすくなります。

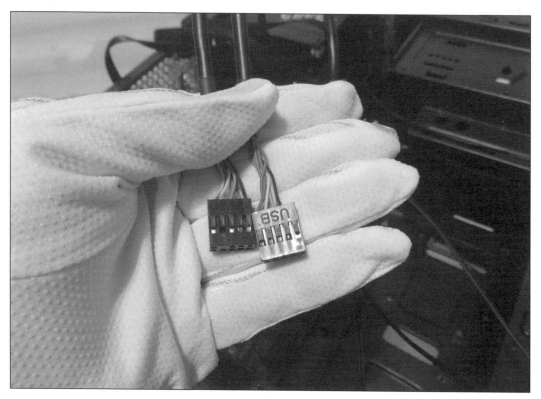

図2-8-10　小さめだけど独立してるので分かりやすい
「USB2.0端子」は2つあるが、ここでは「USB_7_8」のほうに挿します。

図2-8-11　「HD AUDIO」と「USB2.0」の端子はすぐに分かる

図2-8-12　本体の「ファン」は、「CHA_FAN」端子に接続

「マザーボード」の端子が「4ピン」で「ケーブル」側が「3ピン」なら、ガイドに沿って挿します。

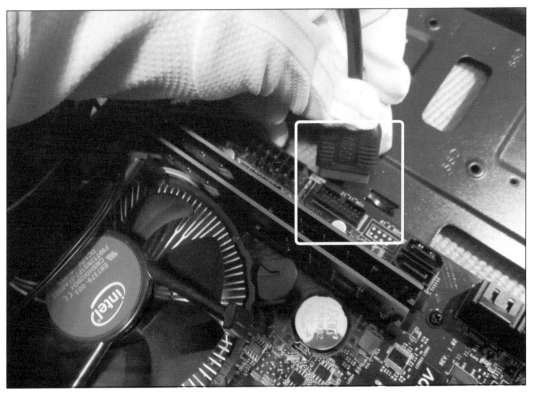

図2-8-13　「USB3.0」端子は大きめなので、すぐに分かる

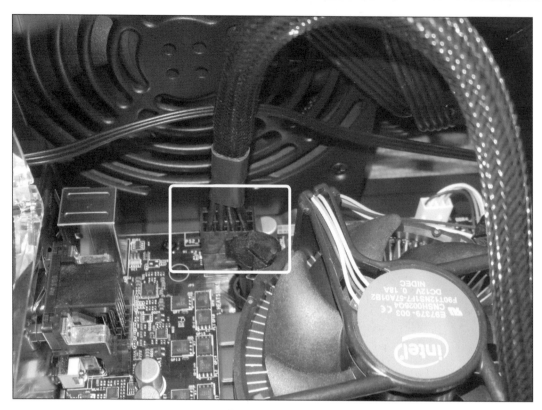

図2-8-14「12V電源ケーブル」を挿す

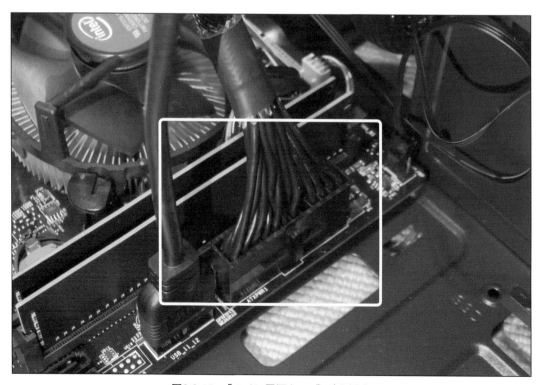

図2-8-15　「メイン電源ケーブル」を挿す

図2-8-16　ケーブルを挿し終わった

図2-8-17　正しく挿さっているか一通り点検して、配線完了！

2-9 「キーボード」や「マウス」をつなぐ

「配線」が終われば、あとはチェックだけです。
組み立てたPCに、キーボード（USB）、マウス（USB）、モニタ（HDMI）をつなげてみましょう。

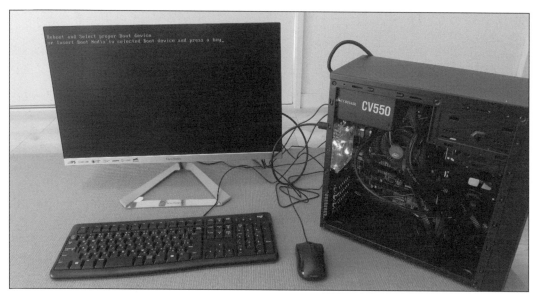

図2-9-1　「電源ケーブル」をつなぎ「電源ボタン」を押す
画面に「BIOS画面」（英文文字）が出れば、「自作PC」は問題なく動作しています！

図2-9-2　動作確認のために「自作PC」につなぐもの
「USBキーボード」「USBマウス」「HDMIモニタ」はもちろん、インター
ネットにつなぐために「LANケーブル」か、「無線LAN子機」は必要。

第3章

Windows10の導入

「PCの組み立て」が完了したら、「PCを動作」させるために、「OS」を導入します。

選択肢としては、「Windows」や「Linux」などがありますが、今回は「標準的なPC環境」を作ることが目的なので、「Windows10 HOME」を選びました。

Windows10 HOME 新パッケージ

3-1 「パッケージ版」と「DSP版」

組み上がったPCに「Windows10 HOME」をインストールしますが、製品には「パッケージ版」と「DSP版」があります。また、それぞれに、「32ビット版」と「64ビット版」のインストール・プログラムがあります。

■「パッケージ版」を買い、「64ビット版」をインストールする

これまで、"「自作PC」には「DSP版」"のようなイメージがありました。

ライセンス的に利用範囲が絞られますが、決まったPCにインストールするのであれば問題ないですし、中身はパッケージ版と大して変わらないのに半額くらいで買えていたところが「DSP版」の魅力でした。

＊

しかし、「Windows10 HOMEエディション」に限っていえば、パソコン専門ショップでの「パッケージ版」と「DSP版」の価格差があまりありません。

また、「パッケージ版」が扱いやすい「USBメモリ」で提供されていることなどから（「内蔵DVDドライブ」を取り付けが不要になる）、本書では、「Windows10 HOMEパッケージ版」を利用しています。

《Windows10 HOMEの「パッケージ版」のメリット》

・提供メディアが「USBメモリ」で光学ドライブを必要としない
・「32ビット版」、「64ビット版」の両方を同梱
・パソコン専門ショップでの「価格差が1500円前後」

ちなみに、「DSP版」は、、購入前に「32ビット版」か「64ビット版」のどちらかを選ぶ必要があります。また、「DVDディスク」での提供ですから、インストール時には、「光学ドライブ」（DVDドライブ、Blu-rayドライブなど）が必要になります。

図3-1-1 「Windows10パッケージ版」と「DSP版」
「パッケージ版」の提供メディアは「USBメモリ」で32ビット版、64ビット版を同梱。

3-2 「Windows10」のインストール

「Windows 10 HOME」のインストールを、手順を追って解説しています。途中で「プロダクト・キー」の入力が必要になりますから、用意しておいてください。

また、インストール時に自動的にネットワークに接続しようとしますから、「LANケーブル」か「無線LAN子機」を付けて、"インターネットにつながる状態"にしておいてください。

[1] インストール・メディアの「USBメモリ」を取り出す

図3-2-1 「Windows10 パッケージ版」を用意し、「USBメモリ」を取り出す

図3-2-2 インストール用「USBメモリ」をPCのUSBスロットに挿して、電源を入れる

[2] 「64ビット版」のWindowsを選ぶ

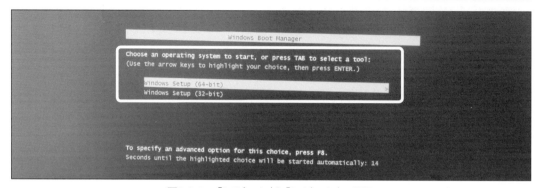

図3-2-3　「64ビット」と「32ビット」の選択
「32ビット版」をインストールすると、「16GB」搭載されたメモリは、「4GB」しか利用できません。

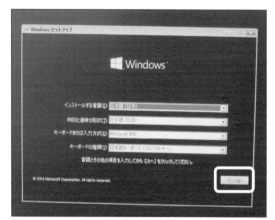

図3-2-4　「次へ」→「今すぐインストール」をクリック

[3]　「プロダクト・キー」を入力する

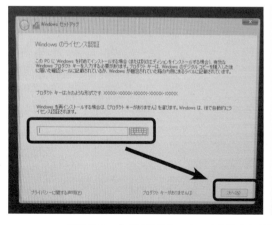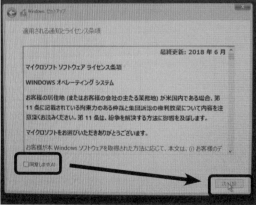

図3-2-5　「プロダクト・キー」を入力し「次へ」。「同意します」をチェックし、「次へ」

[4] 「カスタム・インストール（新規インストール」を選ぶ

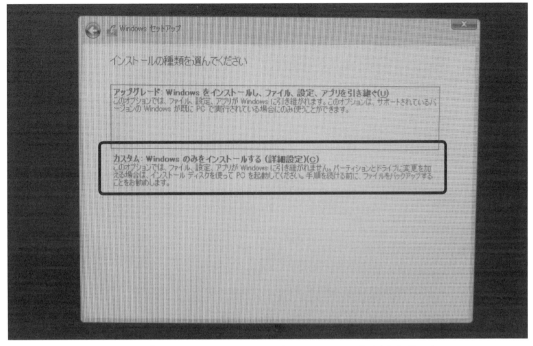

図3-2-6 「カスタム：Windowsのみをインストールする」をクリック
「アップグレードインストール」は、「Windows8.1」など過去
のバージョンがインストールされている必要があります。

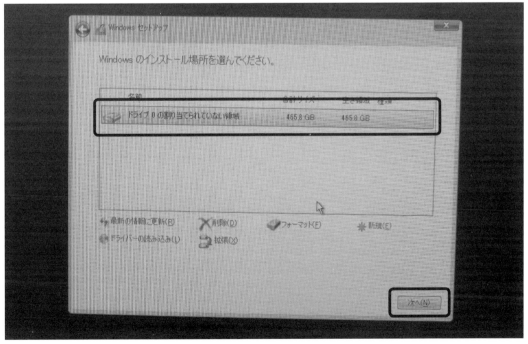

図3-2-7 「次へ」をクリック
ここでは「SSD」の領域はいじらず、そのまま続けます。

[5] しばらく待つ

図3-2-8　インストールが始まっていた

図3-2-9　ファイルのコピーとインストールには時間がかかる

図3-2-10　自作したPCもちゃんと動いている

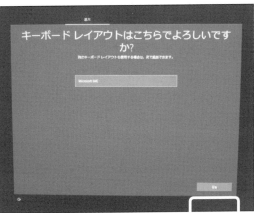

図3-2-11 「はい」をクリック

図3-2-12 「スキップ」をクリック

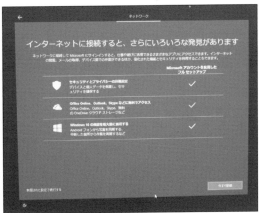

図3-2-13 「LANケーブル」か「USB無線LAN子機」は付けておく

[7]「ユーザー名」や「パスワード」を入力

図3-2-14　「ユーザー名」や「パスワード」を入力して「次へ」をクリック

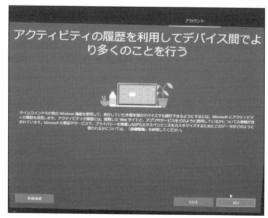

図3-2-15　3つのセキュリティの質問に答えて「次へ」や「はい」をクリック

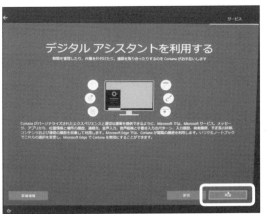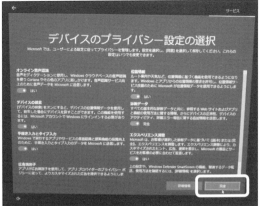

図3-2-16 「同意」をクリック

[8] Windows10 マシンが完成！

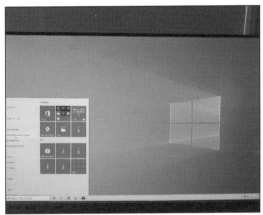

図3-2-17 あとは、ひたすら待ったら「Windows10」のデスクトップが表示される

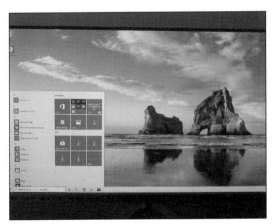

図3-2-18 デスクトップの背景を変えた
Windows10マシンの完成です！

第4章

自作PCの拡張

完成した「自作PC」に物足りなさを感じてきたら、パーツを追加したり、交換したりして、拡張してみましょう。

グラフィック・ボードを拡張

4-1　どこを"拡張"するのか

組み立てたPCを拡張するときは、どこを拡張すればいいのでしょうか。

■「グラフィック・ボード」を増設

取り付けた「CPU」(Core i5 9400)には、元々グラフィック機能が付いてるので、一般的な用途や簡単なゲームは問題なく動作します。

しかし、より高精細なゲームを楽しんだり、3Dのグラフィックを扱ったりするのであれば、グラフィック・ボードが必須になるでしょう。

■「内蔵HDD (ハードディスク)」を増設

「SSD」だけでも「500GB」あるので、増設は不要かもしれませんが、写真や動画ファイルを大量に保存する人は、「SSD」とは別に「HDD」があると便利です。

■「内蔵光学ドライブ」を増設

「Windows10 HOME」の「パッケージ版」は、インストール・メディアが「USBメモリ」でしたが、「DSP版」を使ってインストールするときは、DVDドライブが必要です。

また、「CD-R」や「DVD-R」メディアに書き込みしたり、「音楽」や「映画」をCD/DVDメディアで視聴するときにも、「DVDドライブ」が必要になります。

■「LANケーブル」を「無線LAN子機」に変える

「LANケーブル」があればインターネットは利用できますが、ケーブルが煩わしいときは、Wi-Fiを利用します。

「無線LAN子機」を使えば、「USB端子」に挿すだけです。

■ メモリを増設する

すでに「16GB」(8GB×2枚)が搭載されているので、一般的な使い方であれば増設する必要はありません。しかし、ゲームやグラフィックツールなどで増設が必要なときは、挿さっているメモリを抜き、「16GB×2枚組」を利用します。スロットが2基しかないときは、取り替えになります。

4-2 グラフィック・ボードを取り付ける

「高精細3Dゲーム」などに利用する人は、「グラフィック・ボード」を増設します。

[1] 「PCI-Ex16」スロットを確認

図4-2-1　いちばん長い「PCI-E x16」スロットを使って増設

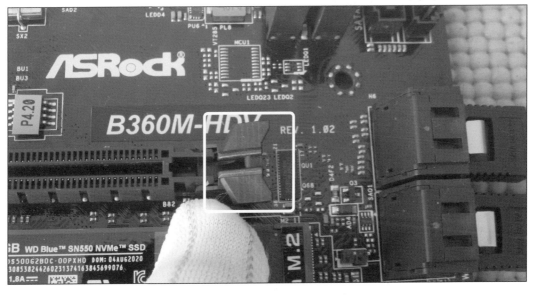

図4-2-2　スロットの端にある「ロックレバー」を押し開ける

[2]「グラフィック・ボード」を挿す

図4-2-3　「切り欠き」を合わせて挿し込む

図4-2-4　ネジで「グラフィック・ボード」をケースに固定

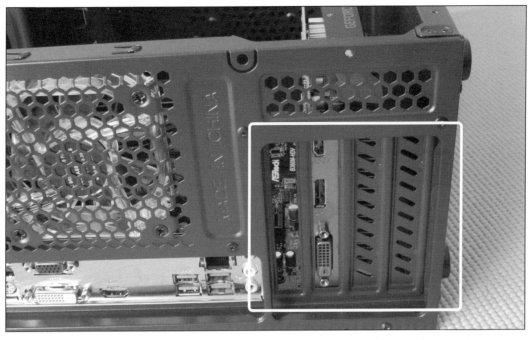

図4-2-5 「シールド・カバー」を外して端子を出す

4-3 「光学ドライブ」と「内蔵HDD」

「光学ドライブ」や「内蔵HDD」は、ケースのベイに取り付けます。

[1] ケース内の「ベイ」を確認

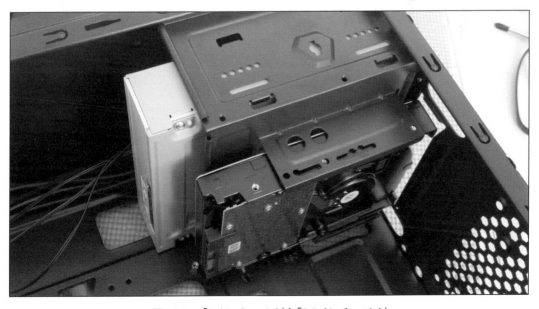

図4-3-1 「5インチ・ベイ」と「3.5インチ・ベイ」

[2] ケーブルを確認

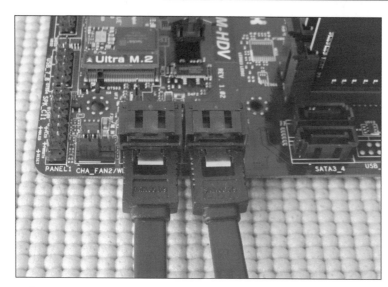

図4-3-2 「SATAケーブル」はマザーボードの「SATA3_0_1」「SATA3_2_3」の端子につなぐ

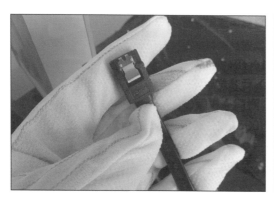 

図4-3-3 「光学ドライブ」や「HDDドライブ」には、「SATAケーブル」と「SATA用電源ケーブル」をつなぐ

[3] SATA端子にケーブルをつなぐ

図4-3-4 ドライブ側のコネクタ
広いコネクタに「SATA電源ケーブル」、狭いコネクタに「SATAケーブル」を挿します。

[4] ネジでケースに固定する

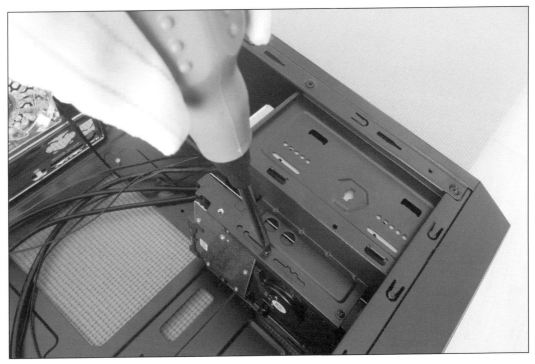

図4-3-5 「ケース」にネジで固定

図4-3-6 グラフィック・ボードを挿したら3DCGのゲームが快適

今どきの自作PC

[解説編]

「自作PC」を作って物足りないと感じたら、上級者のオススメのパーツで、次のステージへステップアップ。PCの拡張に挑戦してみよう!

第1章

マザーボードの選び方

■ 勝田有一朗

マザーボード選びのポイントと、筆者が選出した
「Intel系」「AMD系」のお勧めマザーボードを
5つ紹介します。

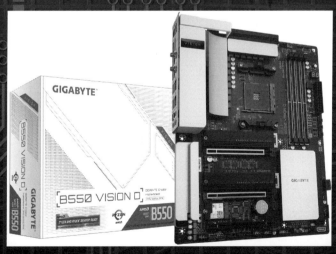

AMD B550 VISION D

1-1　マザーボードを機能で選ぶ

■ 特色を掴みにくいマザーボード

　「マザーボード」は、PC全体を支える土台ともいえるパーツです。「マザーボード」に「CPU」や「メモリ」「ビデオカード」などを接続することで、1台のPCが成り立っています。

　ただ、そんな重要なパーツでありながら、マザーボードごとの違いについてはよく分かっていない人も多いのではないでしょうか。

＊

　「CPU」や「ビデオカード」ならば性能順にはっきり「グレード分け」されているので、必要な性能と予算に照らしてパーツを決められます。

　しかし、マザーボードの場合は、とりあえず規格に合うものを選んでおけば問題なく動作し、性能の違いもあまり目に見えません。

＊

　ここでは、そんなマザーボードを選ぶ際のポイントや、「Intel系」「AMD系」のお勧め製品をいくつか紹介していきます。

■ 「チップセット」で選ぶ

　マザーボードの中心パーツは「チップセット」と言っても過言ではなく、「搭載チップセット」で、マザーボードの性格の大枠が決まります。

　現行のチップセットの種類は次のとおり（※2020年前半の情報を元にしています）。

	Intel 系	AMD 系
ハイエンド	Z490	X570
ミドル	H470	B550、B450
ローエンド	B460、H410	A520

　基本的に「ハイエンド・チップセット」を搭載したマザーボードが、「機能性」「拡張性」ともに優れます。ただ、予算的にも当然高いので、必要とする「機能」や「拡張性」を考えて選びましょう。

■ 「フォーム・ファクタ」で選ぶ

　「フォーム・ファクタ」は電子部品の「端子配置」や「寸法」などを指定したものです。PCで「フォーム・ファクタ」と言えば、マザーボードのサイズ規格を意味します。

　現在、デスクトップPCの一般向けマザーボードとしては「ATX」「Micro-ATX」「Mini-ITX」の3種類が主に販売されていて、サイズの違いに伴って「拡張スロット数」などが違います。

	サイズ（最大）	拡張スロット数
ATX	244×305mm	最大7基
Micro-ATX	244×244mm	最大4基
Mini-ITX	170×170mm	最大1基

　マザーボードの「フォーム・ファクタ」は使いたい「PCケース」に合わせて考えます。昨今は、ビデオカード以外の「拡張カード」を使う機会も減っているので、「省スペースPC」が組める「Mini-ITX」も人気です。

図1-1　Intel ①「H410M-ITX/ac」（ASROCK）
約1.3万円と低価格ながら、「無線LAN」搭載のエントリー向け「Mini-ITX」マザーボード。

図1-2　AMD ①「ROG STRIX B550-I GAMING」(ASUS)
「拡張スロット」の数以外は「上位モデル」に引けを取らない、
豪華なゲーミングPC向け「Mini-ITX」マザーボード。

■ 拡張性で選ぶ

　マザーボードを機能で判別する際に、最も差別化が図られるのが「拡張性」の部分です。「拡張スロット」や「インターフェイス・コネクタ」の種類、数で判断します。

＊

　主なチェック項目として、次が挙げられます。

(1)「PCI Express スロット」の数と種類

　主にスロットの「並び順」や「x16サイズ・スロット」の数などで判断します。目立たない点ですが、ビデオカード用の「x16スロット」が最上段から1つ下にずれていると大型CPUクーラーとビデオカードが干渉しにくいといった利点もあります。

(2)「M.2ソケット」の数

　「メイン・ストレージ」として普及してきた「M.2 SSD」を搭載する「M.2ソケット」の数も重要です。

　ハイエンドマザーで「2〜3基」、ミドル/ローエンドマザーで「1〜2基」というのが一般的な「M.2ソケット」の搭載数です。

（3）「USBポート」の数

「10Gbps」の「USB 3.x Gen2」の数や、「USB Type-C」（フロントパネル用ピンヘッダ含む）の有無などで差別化が図られています。

図1-3　Intel ②「MAG Z490 TOMAHAWK」（MSI）
「最大20Gbps」の「USB 3.2 Gen2x2 Type-C」を備える「Z490」マザーボード。

■ スロットの「排他仕様」に注意

「PCI Expressスロット」や「M.2ソケット」は、「チップセット」に備わる「PCI Express レーン」を消費して実装されています。

＊

「チップセット」の「レーン数」はグレードによって増減し、とくにミドルクラス以下の「チップセット」では「レーン数」が枯渇気味です。その結果、スロットの「排他仕様」なるものが登場します。

・「PCI Express x4スロット」と「PCI Express x1スロット」は「排他仕様」でどちらかしか使えない。
・「M.2ソケット」と「PCI Express x4スロット」は「排他仕様」でどちらかしか使えない。
・「M.2ソケット」と「SATAポート」2個分が「排他仕様」で、どちらかしか使えない。

といった制限が設けられているケースが「ミドルクラス」以下では多く、一見「拡張性」が高そうなマザーボードでも、使える部分は少ないといったことが往々にしてあります。

　しかも、「排他」の内容は製品ごとに千差万別なので、仕様書やマニュアルをよく確認する必要があるでしょう。

　一方、「Z490」や「X570」といった「ハイエンドクラス」ならば制限は少なくなり、「拡張性」をフル活用できる製品も増えてきます。

図1-4　AMD ②「MEG X570 UNIFY」(MSI)
3つの「M.2ソケット」を「排他制限」なく使える「X570」マザーボード。

■「オーバー・クロック」への対応

　自作PCを組み立てたら、少しはいじってみたいのが「CPU」やメモリの「オーバー・クロック」ではないでしょうか。前提として、「オーバー・クロック」を楽しむには「CPU」と「チップセット」の両方が「オーバー・クロック」対応である必要があります。

＊

「オーバー・クロック」対応の現行「チップセット」は次のとおりです。

Intel系	Z490
AMD系	X570、B550、B450

「AMD系チップセット」は大半が「オーバー・クロック」対応ですが、「Intel系」は最上位の「Z490」しか「オーバー・クロック」に対応していないので注意が必要です。

　また、「CMOSクリア用スイッチ」の有無にも要注目です。とくにI/Oパネル部に「CMOSクリア用スイッチ」を備えるマザーボードならば、過剰な「オーバー・クロック」設定でPCが起動不可になったときのリカバリーも簡単です。

図1-5　Intel ③「MEG Z490 UNIFY」(MSI)
I/Oパネル部に「CMOSクリア用スイッチ」を備える「Z490」マザーボード。

図1-6　AMD ③「B550 Taichi」(ASROCK)
I/Oパネル部に「CMOSクリア用スイッチを備える「B550」マザーボード。

1-2 マザーボードを安定性やコスパで選ぶ

マザーボードの比較からは分かりづらい点に注目してみます。

■「安定性」を考慮する

　最近、マザーボードの「安定性」に関わるパーツとして注目を集めているのが、「VRM」(電圧レギュレータ・モジュール)です。

＊

　「VRM」は、「CPU」へ送る電力の「電圧」を調整する回路で、マザーボードの謳い文句にはよく「VRM 10+2フェーズ搭載」などと書かれます。

　「フェーズ」は「VRM」の搭載数のことで、数が多いほど「負荷」を分散させて温度上昇を抑制、「安定性」が増すという仕組みです。

　「X+Yフェーズ」と足し算表記になっているのは、前者が「CPUコア部」へ、後者が「CPU内アンコア部」(GPUやメモリ・コントローラ)へ電力供給する「VRM」の数、というように区別しているからです。

　基本的に「VRM」のフェーズ数が多いほど安定性が高いと考えられますが、昨今のマザーボードは「VRM」を過剰搭載する風潮にあります。「TDP 65W」程度のCPUを用いる場合や、過剰な「オーバー・クロック」をしないなら、特に気にする必要はないとも言えます。

■「オンボード機能」やその他の「付加機能」

　マザーボードには、PCの基本機能以外に「オンボード」で、さまざまな機能が備わっています。それら「オンボード機能」の注目点を、いくつか挙げておきましょう。

●有線LAN
　「ミドルクラス」以上ならば、「2.5Gbit イーサ」を備えていてほしいところです。

●無線LAN
　最新の「Wi-Fi 6」搭載かどうかがポイントです。

●オンボード・サウンド
　「オーディオ・チップ」に「Realtek ALC1220」を載せた製品は、「オマケ機能」の域を超えたオーディオ品質を提供します。

図1-7　Intel ④「Z490 AORUS PRO AX」(GIGABYTE)
「2.5Gbitイーサ」「Wi-Fi 6」「ALC1220」を搭載し、「PCI Express 4.0
Ready」にも対応する「Z490」マザーボード。

また、その他の「付加機能」として、

● デュアルBIOS

「BIOS ROMチップ」を2つ備えていて、アップデートの失敗などでBIOSが破損しても復旧できる機能。

● フラッシュ BIOS

「CPU」が搭載されていない状態でも「BIOSアップデート」が可能な機能。

"「BIOSアップデート」しなければ「新型CPU」が動作しない"といった場合に重宝します。

といった機能が備わっていれば、いざというときも心強いでしょう。

図1-8　AMD ④「B450 GAMING PLUS MAX」(MSI)
約1.1万円のエントリー向けで「フラッシュ BIOS機能」搭載、「Ryzen 4000シリーズ」への備えも万全な「B450」マザーボード。

■ デザインで考える

昨今は「ガラス」や「アクリルパネル」製の、中身が見える「デスクトップPC」が主流になってきました。そのため、デザインに凝ったマザーボードも増えています。

また、マザーボード自体に「RGB LED」を組み込んで、派手に光らせる製品も増えてきました。

マザーボードの「RGB LED」と、後から追加した「LEDファン」など」の光を連動させることもでき、そのためにマザーボードメーカー各社は独自の「RGB LED」制御を策定しています。

ASUS	Aura Sync
ASROCK	Polychrome Sync
GIGABYTE	RGB Fusion
MSI	Mystic Light Sync

　上記のようなものが、主な「RGB LED」制御方法で、それぞれに対応した「RGB LED」製品で揃えれば、「ユーティリティ・ソフト」から一括で制御できます。PCをピカピカに光らせたい人はこういった部分もチェックしておきましょう。

図1-9　　Intel ⑤「Z490 Steel Legend」（ASROCK）
派手な「RGB LED」が組み込まれた「Z490」マザーボード。

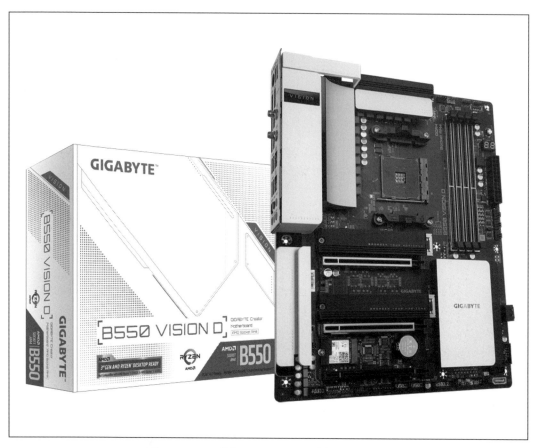

図1-10 AMD ⑤「B550 VISION D」(GIGABYTE)
シンプルなカバーで覆われたシックなデザインの「B550」マザーボード。

第2章

メモリの選び方

■本間　一

一般に「PCパーツ」は、一世代前の製品を選ぶと「コストパフォーマンス」が良好です。「ところが、メモリに関しては、その原則どおりとは限りません」「メモリはどれを買えばいいの?」「最適な容量は?」…など、「メモリ選び」の「ポイント」をまとめました。

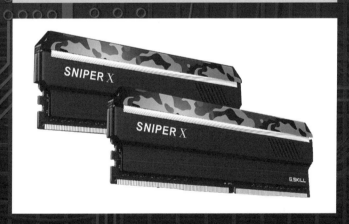

F4-3600C19D-16GSXWB

2-1 メイン・メモリの規格

　PCで扱える「メモリ」には、さまざまな種類がありますが、ここでは、「メイン・メモリ」について説明します。

＊

　「メモリ」には電源を切ってもデータが保持される「不揮発性メモリ」と、電源が切れるとデータが消える「揮発性メモリ」があります。「メイン・メモリ」は後者の「揮発性メモリ」です。

　「揮発性メモリ」は、電源喪失からデータを保全する仕組みをもたないため、高速に動作します。そのため、「メイン・メモリ」の転送速度は、「HDD」や「SSD」よりも高速です。

　「OS」や「アプリケーション」の動作に必要なデータは、まず「HDD」や「SSD」から読み込まれ、一時的に「メイン・メモリ」に保存されます。
　使用頻度の高いデータは、何度も「メイン・メモリ」から読み込まれるため、「メイン・メモリ」が高性能なほど、PCの処理速度は向上します。

＊

　「メイン・メモリ」(以下、「メモリ」)は、PCの仕様に合った製品を選ぶ必要があります。現在は、「DIMM DDR4 SDRAM」規格のメモリが主流です。

　メモリの規格名称は、略語の組み合わせになっています。各略語の意味を知っておくと、的確な製品選びに役立つでしょう。

■ DIMM

　「DIMM」(ディム, Dual Inline Memory Module)は、「メモリ・モジュール」の「形状」や「電気的特性」などを定めた規格です。従来規格の「SIMM」(シム, Single Inline Memory Module)では、基板両面の相対する端子で同一の信号が出ていました。「DIMM」は、各面の端子で信号が異なります。

　「DIMM」はデスクトップPC用のメモリで、ノートPCでは、小型の「SO-DIMM」(Small Outline DIMM)規格のメモリを使います。(※なお、「SO-DIMM」は、「S.O.DIMM」とも表記されます)。

■ SDRAM

　「DRAM」(ディーラム, Dynamic Random Access Memory)は、「メモリ・チップ」の「キャパシタ」に「電荷」を与えることでデータを保存し、必要なタイミングで任意のデータにアクセスできる、メモリの種類です。

　「キャパシタ」に蓄えられた電荷は、一定時間経つと消えてしまうため、定期的にデータを読み込んで再度書き込む「リフレッシュ」動作が必要です。この動作を「ダイナミック」と呼び

ます。

　「SDRAM」(エスディーラム, Synchronous Dynamic Random Access Memory) は、システムバスに同期して動作する「DRAM」です。

■ DDR SDRAM

　従来の「SDRAM」は、1クロック周期で1回のデータ転送を行ないますが、「DDR SDRAM」(ディーディーアール SDRAM, Double-Data-Rate SDRAM)では、1クロック周期の前半と後半でデータ転送を行ない、2倍のレートで動作します。

　「DDR SDRAM」の技術を基に、「プリフェッチ」(先読み)機能が追加され、より高速に動作する「DDR2 SDRAM」規格が策定されました。

*

　その後「DDR3 SDRAM」および「DDR4 SDRAM」規格が策定、メモリは大幅に高速化したのです。

2-2　メモリ選びのポイント

　新たに PC を組む際、メモリは「DDR3」と「DDR4」のどちらを使えばいいのでしょうか。また、メモリ製品の仕様の見方など、メモリ選びのポイントを解説します。

■「DDR4」の優位性

　結論を言えば「DDR4」を使うべきです。「DDR3」と「DDR4」の性能は、「動作クロック」が同じならほぼ同等です。では、何が違うのかと言えば……

　まず標準の「動作電圧」が異なります。「DDR3」は1.5V、「DDR4」は1.2Vで動作し、「DDR4」のほうが省電力です。また、DDR4規格では、より高クロック動作の仕様があるため、「より高速に動作するメモリが選べる」という優位性があります。

　さらに、「DDR4」を勧める理由には、同容量の「DDR3」との価格差が小さいこともあります。

*

　なお、「DDR3」と「DDR4」では「ピン数」や「端子」の「切り欠き」の位置が異なるため、互換性はありません。

■ メモリ製品の仕様表記

　メモリ製品の仕様表記には、「チップ規格」と「モジュール規格」があります。販売店では両方を併記する場合が多いのですが、どちらか一つのみの場合もあります。

　たとえば、「メモリ・クロック」が100MHz、「バス・クロック」が800MHzで動作する「DDR4メモリ」は、チップ規格は「DDR4-1600」、モジュール規格は「PC4-12800」と表記します。

　「メモリ・クロック」は、「メモリ・セル」の「動作クロック」(周波数)です。
　「バス・クロック」は、メモリとメモリ・コントローラ間の「動作クロック」です。

＊

　「チップ規格」の「1600」という表記は、「バス・クロック800MHzのダブルレート(2倍)」を表わします。
　メモリのデータは8バイト単位で転送されるため、メモリ・モジュールの転送速度は、「メモリ・チップ」の転送速度の「8倍」になり、その数値が「モジュール規格」の表記に使われます。

　たとえば「PC4-12800」は、

1600 (Mhz) ×8 (byte) ＝12800 (MB/s)

という転送速度の性能を表わします。

■ 高性能メモリ選択の目安

　メモリ規格は、「JEDEC」(ジェデック,半導体技術の標準化機関)が策定しています。

＊

　「DDR4規格」には「DDR4-4266 PC4-34100」のように、ハイスペック仕様も定められています。
　「標準」の最高仕様は「DDR4-3200 PC4-25600」となっていて、その仕様を超えるかどうかが目安になります。

＊

　「DDR4-3200」以下であれば、「標準動作」となるため、扱いやすく、設定が簡単です。それを超える仕様のメモリは、標準を超えるクロックで動作するため、「OC (オーバー・クロック)メモリ」と呼んで区別します。
　「OCメモリ」は、高品質な「メモリ・チップ」を使い、高水準の動作チェックをしてから出荷されるため高価です。

　「OCメモリ」を使う場合、「マザーボード」が「OC動作」に対応している必要があります。
　一般に「OCメモリ」は、メーカー表記どおりの性能を発揮できますが、動作が不安定になる場合には、メモリの「動作電圧」を高めに設定する、「動作クロック」を若干下げるなどの調整が必要です。

　「OCメモリ」には、メーカーが設定した「動作電圧」や「クロック」などのプロファイル(動作設定情報)が書き込まれていて、それを「XMP」(eXtreme Memory Profile)と呼びます。

「OCメモリ」の動作電圧は、1.3～1.4V程度に設定されている製品が多いようです。

*

「OCメモリ」を使う場合には、「マザーボード」の「UEFI」（初期設定画面）で、「XMP」関連の項目を有効にすると、OC動作のプロファイルが自動的に読み込まれます。

■ マルチ・チャネル

「マルチ・チャネル」（multi-channel memory architecture）は、同容量で同仕様のメモリを複数枚同期して「帯域幅」を拡張し、「データ転送」を高速化する技術です。

*

メモリは、同容量で同仕様のものを、「2枚」、「4枚」など、偶数枚で使うのが基本です。

同じメモリを2枚組で使うと、「デュアル・チャネル」機能で「メモリ・バス」との転送速度が2倍になります。

たとえば、「4GBメモリ2枚と8GBメモリ2枚」といった組み合わせでも「デュアル・チャネル」は有効です。

*

ハイエンド向けマザーボードには、「クアッド・チャネル」に対応する製品があります。

「クアッド・チャネル」では、メモリを4枚同期し、転送速度は「デュアル・チャネル」の2倍になります。

実際には、完全な倍速にはなりませんが、少なくとも「1.7倍」以上の速度が得られます。

「マルチ・チャネル」にはメモリ3枚を同期させ、3倍速で転送する「トリプル・チャネル」もあり、一部のマザーボードが対応しています。

*

なお、「マルチ・チャネル」で動作させるメモリは、なるべく同じメーカー、同じ型番で揃えることで、メモリの相性によるトラブルが起こりにくくなります。

2-3　最適なメモリ構成の考察

　高価で高性能ものを買えばいいというものではありません。目的や使っているPCに合ったベストなメモリ構成を考えましょう。

■ 一般用途のPC

　「DDR4メモリ」の主要製品の容量は、「4GB」「8GB」「16GB」となっています。

　「DDR3」を使った基本的なPC構成では、「2GB×2枚で合計4GB」という構成がよくありましたが、「DDR4」では「4GB×2枚」を基準として、PC構成を考えればいいでしょう。

　「8GB」(4GB×2枚)は、「Webブラウザ」や「Officeスイート」などの「実務系アプリ」の一般使用に必要充分な容量です。

　ただし、多種のアプリを同時に動かしたり、「Webブラウザ」で多くのページを同時に開いたりすると、メモリ不足になる場合があります。

　また、画像や動画の編集では、作品レベルが上がるほど、メモリ容量をたくさん使います。

■ 高画質3Dゲームを快適にプレイ

　ほとんどの「3Dオンラインゲーム」は「8GB」でも遊べますが、「16GB以上」の構成にすると、ゲームをより快適に楽しめます。

　その際は、もちろん「8GB×2枚」でもかまわないのですが、「4GB×4枚」で「クアッド・チャネル」にするのもいいでしょう。

　たとえば、人気オンラインゲームの「STAR WARS バトルフロント II」の公式発表では、最小環境は「8GB」、推奨環境は「16GB」以上です。

　「バトルフロント」で提供される3D画像品質は、オンラインゲームの中でも最高レベルなので、「バトルフロント」が快適に遊べれば、その他のゲームも快適に遊べます。

　ただ、「バトルフロント」は、必要なグラフィック機能のレベルも高いです。ミドルクラス以上のグラフィック機能と、「GeForce GTX 1060, RADEON RX480」以上の環境を推奨しています。

　さらに、「ゲームのプレイをYouTubeで実況中継する」といったパワーユーザーなら、「32GB」以上のメモリ構成にするといいでしょう。

2-4　DDR4メモリ製品

DDR4メモリ製品の中からピックアップして紹介します。

■ デスクトップPC用メモリ

●CT2K4G4DFS632A

[仕様] DDR4 PC4-25600 4GB 2枚組

[価格] 5800円前後

[メーカー] crucial

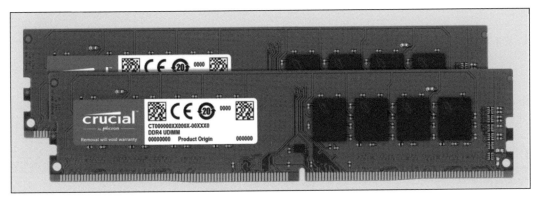

図2-1　CT2K4G4DFS632A

　本製品は標準仕様の最上位なので、電圧は「1.2V」で動作。

　たとえば、「PC4-19200」などの下位製品より価格は若干高いですが、その価格差は2枚組で500円程度（市場最安値の比較）と小さいです。

※なお、本製品には「ヒート・スプレッダ」（チップの冷却板）が付いていませんが、特に動作には問題ないと思います。

●F4-3600C19D-16GSXWB

[仕様] DDR4 PC4-28800 8GB 2枚組
[価格] 9000円前後
[メーカー] G.Skill

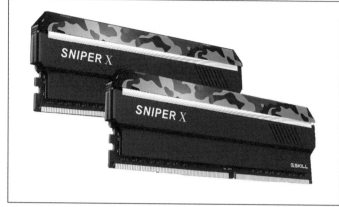

図2-2　F4-3600C19D-16GSXWB

　本製品は「DDR4」の標準を超えるスペックにもかかわらず、価格は「標準メモリ」とほとんど差がありません。無理のない範囲でライトに「オーバー・クロック」運用したいユーザーにお勧めです。

■ ノートPC用メモリ

●W4N2400PS-4G

[仕様] SO-DIMM DDR4 PC4-19200 4GB 2枚組
[価格] 5300円前後
[メーカー] CFD

　ノートPCは、内部の放熱がしにくい構造であり、メモリは狭い空間に押し込められ、エア・フローが厳しい状態に置かれます。

　もちろん、性能は高いほうがいいのですが、ノートPCでは「安定性」を重視して、中間的な性能のメモリを選んでみてはいかがでしょうか。

図2-3　W4N2400PS-4G

第**3**章

自作PCの熱対策

■英斗恋

高負荷のゲームをしていると、急に処理が落ちる
"カクつき"が発生することがあります。

そこで「放熱」を強化すれば、「CPU」や「GPU」
に最大限のパフォーマンスを発揮させることがで
きます。

Pacific C360 DDC Hard Tube Water Cooling Kit

3-1 ┃ 「スロットリング」と戦うゲームPC

■ 高い熱源の「CPU」「GPU」

「CPU」「GPU」は、「高クロック化」「多コア化」「バスの広帯域化」などで消費電力が増大し、基板上の主要な「熱源」となっています。

一方、「CPU」「GPU」は多数の「処理ユニット」から構成されており、全ユニットが動作している状況はまれです。

そのため、筐体の「熱設計」(thermal plan)上は、一定動作での熱量を想定しつつ、それ以上の高クロック動作「オーバー・クロック」も、筐体の温度が設計値の範囲内なら許容されます。

■ CPU throttling

高負荷の処理が続き、「IC」の温度が「設計限界」を超えると、熱による破損を防ぐために、「動作クロック」が落とされます。

これが「CPU throttling」(絞り)、あるいは「動的クロック制御」(dynamic frequency management)と呼ばれるものです。

また、「クロック低下」と合わせて、低クロックで正常に動作できる範囲まで「電圧」を落として発熱量を抑える、「動的周波数電圧制御」(dynamic frequency/voltage management)も用いられます。

■ 熱設計電力

ICの設計熱量は、「熱設計電力TDP」(thermal design power)で規定されています。

デスクトップ用最上位CPUでは「165W」の製品もありますが、「95W」程度が標準的です。

■ 「温度センサ」によるモニタリング

「CPU」「GPU」は、「内蔵温度センサ」で動作中に設計温度を超えていないか、モニターします。

一例として、「Intel CPU」では、「CPU throttling」を「Speed Step」と呼び、CPU内蔵の「デジタル温度センサ」(digital thermal sensor)が、「設計限界温度(T junction)超過」を検出すると、「CPU throttling」を行なうのです。

同様に「オーバー・クロック」は「ターボ・ブースト・テクノロジー」と呼んでいます。

＊

以下、「throttling」を起こさない、パーツ、ケースの熱対策を順に見ていきましょう。

3-2 エア・フロー設計

　「電源」「CPU」「GPU」が発生させた熱を、すみやかにケース外に排出するには、適切な「空気の流れ」＝「エア・フロー」が必要です。

＊

　通常、ケース内を一定流量の「エア・フロー」で満たすためには、ファンを取り付けます。

※「CPU」「GPU」が「省電力タイプ」ならば、自然排気に頼る「ファンレス」が可能な場合もあります。

■ 空冷ファン

　「空冷ファン」の大きさは規格化されており、「120mm角」「140mm角」の二種類があります。

　「回転数」の制御方式は「PWM」(Pulse Width Modulation)と「電圧」(DC)の二種類です。「マザーボード」側の対応方式で選びます。

　ファンの「放熱性」と「静音性」はトレードオフなので、「回転音」が気になる状況では、一時的に「回転数」を落とすこともできます。

■ 組み立て済み「水冷クーラー」

　「CPU」は、「ヒートシンク」や「ファン」でケース内から排熱するため、「エア・フロー」が不充分だと熱がこもります。

　そこで、「CPU」の熱を直接ケース外に排熱する「水冷クーラー」が販売されています。

　「水冷クーラー」では、「CPU」「GPU」に設置する「ブロック」と「空冷ファン付ラジエータ」を「パイプ」でつなぎ、そこに「冷却液」を循環させて、「CPU」の熱を「ラジエータ」から外に排出します。

図3-1　水冷式CPUクーラー「iCUE H100i RGB PRO XT」(CORSAIR)

＊

　「水冷」と言っても、「給水機構」が組み立てずみで「冷却液」も注入済みのため、「液漏れ」の可能性が低く、比較的安心して使えるのです。

　ただし、「CPU」と「ファン」が「パイプ」でつながっているため、「PCケース」に物理的に組み込めるか、事前に充分な確認が必要です。

※「組み立て済み水冷クーラー」は、日本では「簡易水冷クーラー」、英語では「all-in-one cooler」で検索できます。

＊

　同様に、一部の最上位「グラフィック・ボード」は、「水冷クーラー」を内蔵し、「ファン」と「ボード」の二構成になっています。

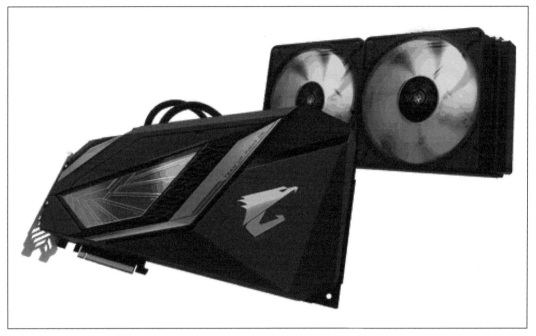

図3-2　水冷クーラー内蔵「グラフィック・ボード」
GIGABYTE AORUS GeForce RTX2080 SUPER WATERFORCE 8G）

■ 自作水冷クーラー

　組み立て済み水冷クーラーは、「CPU」と「ファン」の距離が決まっています。また、他の
パーツの「吸熱」ができません。

　そこで、「水冷対応グラフィック・ボード」に「冷却液」を供給する場合や、「CPU」と「ラジ
エータ」の距離を取りたい場合に行なうのが、「水冷機構」の自作です。

＊

　「水冷機構」は、冷却液を貯める「リザーバ」、冷却液を循環させる「ポンプ」、「CPU」「GPU」
に設置して吸熱する「ウォーター・ブロック」、「ウォーター・ブロック」を内蔵した「グラ
フィック・ボード」の給排水口にパイプを接続する「アダプター」、放熱板「ラジエータ」を「パ
イプ」で結び、「冷却液」(coolant)を循環させます。

　各部品単体でも購入できますが、一式セットでも販売されています。

図3-3　Pacific C360 DDC Hard Tube Water Cooling Kit
（Thermaltake）

＊

　自作すれば極端な熱設計も可能です。たとえば「リザーバ/ポンプ－CPU－ラジエーター
GPU－ラジエーター－リザーバ」と、各熱源から吸熱後すぐに放熱し、次の熱源に熱をもち込
ませないこともできます。

　とはいえ、「Throttling」があまり起こらない程度に放熱すれば、それ以上はパフォーマン
ス向上に寄与しないので、「コスト」と「趣味」の兼ね合いになります。

3-3 PCケース

「水冷クーラー」で直接排熱する方法もありますが、「PCケース」内の空間と、そこに取り付ける「空冷ファン」は、「エア・フロー」による熱対策の要です。

■ 筐体の大きさ

さまざまな筐体が販売されていますが、大きさで大別すると「ミニサイズ」「ミッドタワー」「フルタワー」の3種類です。購入の際は、特に以下の点に注意します。

■ 「CPU」と「グラフィック・ボード」の配置

近年は、ファンの内蔵によって「グラフィック・ボード」が大きくなりました。2スロット分の容積を占めることは普通です。そこで、「CPU」のファンを含め、物理的に干渉しないか（＝ケースに入るか）を確認します。

次に、全パーツ収納後に、「マザーボード」の「CPU」と「グラフィック・ボード」双方に、「独立した外気」が触れるか確認します。

もし「CPU」「GPU」の「熱源」に空気が順に触れる場合、最初の「熱源」で温まった空気が次の「熱源」に当たるため、好ましくありません。

■ 「ファン・ラジエータ」の配置

ケースは「前面吸気・背面排気」（前から後ろに空気が流れる）が基本です。回転方向を考慮しつつ、ケースの「前面・背面」にファンを設置します。

「グラフィック・ボード」を組み込むと、ケース内に大きな仕切りができるため、空気の流れを妨げないためには、ファンの位置が重要になります。

一部PCケースメーカーは、ファンやラジエータが設置可能な位置を図で示し、購入前に配置を検討できるようにしています。

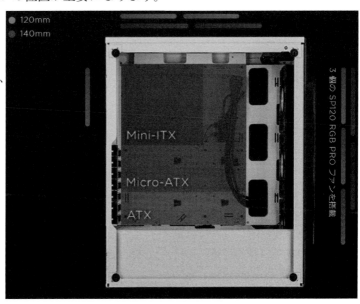

図3-4
「120mm・140mm空冷ファン」
が設置可能な場所を線で明記
（CORSAIR iCUE 220T）

■ LED装飾

必然性の議論はありますが、自作PCの楽しみの一つが「LED装飾」です。

筐体だけでなく、「空冷ファン」などのパーツも「LED」を組み込んだものが出てきており、「LED装飾」に対応した「マザーボード」に接続すると、各部品が鮮やかな7色に光ります。

最近では、ケース内の「LED装飾」がよく見えるように、前面スリットを大きくしたものや、一部を「強化ガラス」にして中が見えるようにしたものもあります。

図3-5　「ミッドタワー PCケース」
（CORSAIR iCUE 220T）
前面と側面を「強化ガラスパネル」にして、内装部品の配置やLEDが見える。

3-4　「省スペースPC」の熱対策

省スペース用のパーツが出揃い、「小型PC」を自作できるようになりました。「CPU」「GPU」の速度低下を招かないよう、より慎重に「熱対策」を検討しましょう。

■ マザーボード

「ATX」、「Micro-ATX」、「Mini-ITX」（17cm角）よりもさらに小さいのが、「Mini-STX」（5インチ＝12.7cm角）規格のマザーボードです。基板が小さいため、「CPUスロット」や「コネクタ」が大きく見えます。

省スペースを実現するため、通常の拡張スロットはなく「M2スロット」のみ。「WLAN」や「SSD」は「M2スロット」に実装するものが一般的です。もう少し「拡張性」を確保したい場合は、「Mini-ITX」を選択するといいでしょう。

図3-6　Mini-STX GA-H310MSTX-HD3(rev.1.0)　(GIGABYTE)

■ ケース選択

　「ケース」が対応する基盤のサイズは規定されていますが、「CPU」の「ヒートシンク」の形状はまちまちなので、CPU込みのボードが実際にケースに入るとは限りません。

　高性能CPUの中には、「ヒートシンク」ではなく大きな「ファン」が付いているものもありますが、ケースによっては、ピッタリ収納可能です。

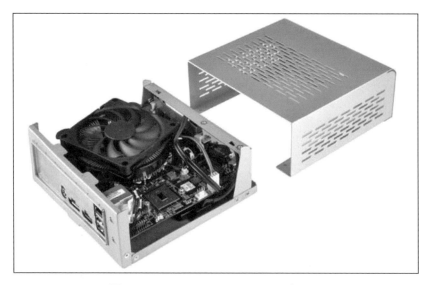

図3-7　SilverStone VT01 Mini-STXケース

　ケースの製品仕様には通常、「電源ユニット」などと干渉しないCPUクーラーの「位置」や「限界高」が書かれています。

　特に近年の「AMD」の高性能CPUは同梱のファンが大きいため、「マザーボード」や「CP」の「ヒートシンク」がケースに収まるか、慎重に確認しましょう。

図3-8　AMD Ryzen 9 3950X用純正クーラー

第4章

目的別の自作PCパーツ

■某吉

「ゲーミングPC」と「機械学習用PC」に焦点を当て、それぞれに適した「PCパーツ」を紹介します。

RM550x-2018-550W

4-1　ゲーミング目的

　「ゲーミングPC」と言うと、思い出されるのは、「光」です。「CPUファン」や「マザーボード」など、あらゆる部分が「フルカラー RGB LED」で光るのが、「ゲーミングPC」の特徴でもあります。

＊

　もちろん「性能」とは関係ないところなので、必須ではありませんが、雰囲気を作り出すにはこのようなアクセントも必要になるでしょう。

■ キーボード

　PCでのゲーミングでは、「キーボード」の性能は重要です。

　「打ちやすさ」のような感触の部分は普通のキーボードでも重要視されますが、「ゲーミング向け」では、「同時押しに対応しているか」（Nキーロールオーバ）も重要になります。

　たとえば「前進」と「左回転」（または左にスライド）というコントロールが多いPCのゲームは、「パッド」で操作するものも多く、一般的なキーボードでは入力が「同時」になると「取りこぼし」が発生します。

　「同時押し」に対応していると、取りこぼしがなく、より的確にコントロールできるのです。

■ ストレージ

　高速な読み出しができるという意味では、「M.2 NVMe」の「SSD」が一番の候補に上がります。

＊

　「マザーボード」が「M.2」の「MVMe」に対応している必要がありますが、ゲームによってはローディング時間を短くでき、また場面転換も素早くなる場合があるのです。

　「起動ドライブ」にすれば「OS」も高速で動くようになるので、「ディスク読み出し」で遅くなっていたCPUの本来のパワーを引き出せます。

＊

　「M.2 NVMe」は「PCI Express」という「高速インターフェイス」を経由して接続されます。これによって、「1Gバイト/秒」を超える高速転送が可能です。

　現在は価格が安くなっているので大容量のものを載せるのも悪くありませんが、より多くのゲームを入れたい場合は「HDD」との併用を検討するといいかもしれません。

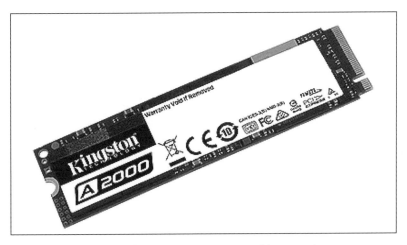

図4-1 「A2000 NVMe PCIe SSD」(Kingston)
「NVMe接続」の高速なSSD。

■ ケースとマザーボード

　最近は、小さく高性能なパーツのおかげで、コンパクトなPCでもゲームを楽しめるようになりました。

　「小型PC」の規格でも、「Mini-ITX」はゲーミング用の「マザーボード」などが出ています。

　「部品の性能」や「サイズ」に制限が出てくるためフルパワーではなくなりますが、それでもある程度のゲームは充分楽しめるマシンです。

図4-2 「Mini-ITX」のゲーミング用マザーボード
「RGB ルミネーション」付きで、「RGB LEDストリップ」なども接続可能。

＊

コンパクトにする場合は、マザーボードの「規格」と「ケース」のサイズから考えていくといいでしょう。

「Mini-ITX規格用ケース」であれば、制限はかなりありますが、パズルのように組み立てられるはずです。

■ CPU

「CPU」はメーカーが限られますが、自作PCで勢いがあるのは、AMDの「Ryzen」です。

最新は3000番台ですが、費用対効果がいいのは、「AMD Ryzen 5 3600」などでしょう。

＊

「3600」はグラフィック機能がない「Zen2世代」のCPUです。

型番の末尾に「G」が付く「グラフィック機能」内蔵型のシリーズ(いわゆる「APU」)は、「Zen+」というコアの世代になっています。

しかし、このCPUは「Zen2世代」の「7nm」という製造プロセスで作られたコアを搭載していて、消費電力あたりの性能で有利です。

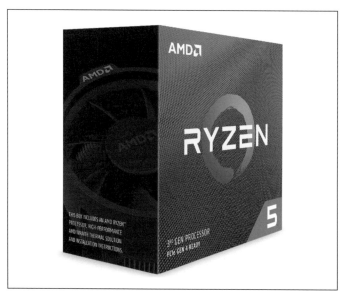

図4-3　Ryzen 5 3600（AMD）
「6コア12スレッド」で動くCPUで、「Intel CPU」と「値段」でも「性能」でも戦える。

■ グラフィック・カード

「FPS」のような「3Dグラフィックス」を表示するゲームでは、「グラフィック・カード」にコストをかけると、より速い表示が期待できます。

現在は、「GeForce」の「GTX1050Ti」や「GTX1650」などのエントリークラスの「グラフィック・カード」でも、ある程度ゲームが動くので、遊びたいゲームに合わせて選ぶといいでしょう。

■ ディスプレイ

「ディスプレイ」は「低遅延」な製品を選びたいところです。

最近、「応答速度1ms」の製品が増えています。「応答速度」とは、「白」から「黒」へ、「黒」から「白」へと変わる速度で、秒数が短いほど「残像感」が少なくなり、アクションゲームに適していることになります。

＊

また、「リフレッシュ・レート」も注目すべき数値です。このレートが高いということは、画面の「更新間隔」が短いということです。

「144Hz」は“「60フレーム」の2倍よりもさらに速く表示できる”ということで、マシンがついていければ、キャラクタをスムーズに動かせて、ゲームが有利に進むことがあります。

4-2　機械学習目的

「機械学習」のためのPCは、「マシンパワー」を使うという意味で基本的には「ゲーミングPC」と似ている部分があります。たとえば、「GPU」は「機械学習目的」でも使われます。

＊

「機械学習」を目的とする場合、以前は「デザイン性」やカジュアルな部分も含めて「Mac」を選ぶのも一つの手でした。

(1)「Mac」のOSに「Python」が標準で搭載されていたこと、(2)ベースとなるOSが「BSD」系なので、「Python」以外のさまざまな「ユーティリティ」がそのまま動くこと――など、すでにある環境をそのままもってくることができるという意味で効率的ではありました。

しかし、「NVIDIA」のドライバのサポートがなくなり、「ツール・キット」(開発環境)の「CUDA」が使えなくなったため、現在では「Linux」や「Windows」などのほうが、強みがあるように思えます。

■ 「NVIDIA」の「グラフィック・カード」

機械学習では「CUDA」がよく使われています。「CUDA」は「NVIDIA」の「グラフィック・カード」向け開発環境なので、「NVIDIA」の「グラフィック・カード」が必要です。

「機械学習」は「GPU」の性能で「処理速度」が速くなるので、高価な「グラフィック・カード」を導入するのがいちばんです。

たとえば「NVIDIA GeForce RTX 2060」ぐらいがミドルクラスより上に近い程度で、ちょうどいいかもしれません。

図4-4　「NVIDIA GeForce RTX 2060」搭載グラフィック・ボード（玄人志向）
6GB デュアルファン。

■「マイニング」向けの「グラフィック・カード」の流用

　映像出力がない「グラフィック・カード」が、「例のグラボ」といった名前で「仮想通貨」のマイニング向けに出回っています。

　こういったグラボは「RX470」という高性能な「GPU」を搭載しているので、機械学習にも流用できます。

　中古品で保証はされていませんが、うまく活用できればコスパがよさそうです。

■ CPU

　「CPU」も速いのは環境としてはベストですが、「機械学習」では「GPU」がメインなので、ある程度の性能のものでもいいかもしれません。「グラフィック内蔵型」がいいでしょう。

　たとえば、「Ryzen 5 3400G」などは、「CPU」としての性能も悪くなく、値段もそこまで高くないのでいい選択肢になりそうです。

■ 電源

「GPU」を搭載する数にもよりますが、大容量である必要があります。「CPU」やその他の「基本機能」は消費電力が少なめですが、高性能な「GPU」は「補助電源コネクタ」が必要になるくらい電力を消費します。電源は500W程度あったほうがいいでしょう。

*

また、長時間稼働するので安定性も必要です。なので、極端に予算を削らないようにしましょう。

図4-5　RM550x -2018-550W（Corsair）
80PLUS GOLDという電気効率の良い550W電源。

■ その他のポイント

OSは「Windows」がいいのか、「Linux」がいいのか、という問題もあります。

確かに「Linux」のほうが環境の整っているところもありますが、「Windows」の環境整備も進んでいます。

「WSL2」という、Windows上で「Linux環境」を構築する仕組みに、「グラフィック機能」への接続サポートが追加される予定です。

すでに「Insider Preview」の「Build 20150」では「CUDA」が動作しているようです。

ツールや環境など、基本的な部分は「Linux」のものがそのまま使えるので、将来的に「Windows」でもかまわない状況になるかもしれません。

索 引

［製作編・執筆］

東京メディア研究会

［解説編・執筆］

1章	勝田有一朗
2章	本間 一
3章	英斗恋
4章	某吉

＊［解説編］は、月刊I/Oに掲載された記事を、抜粋・再構成しています。

イラスト：ぴよたそ
https://hiyokoyarou.com/

質問に関して

本書の内容に関するご質問は、

① 返信用の切手を同封した手紙

② 往復はがき

③ FAX (03) 5269-6031

　（ご自宅のFAX番号を明記してください）

④ E-mail　editors@kohgakusha.co.jp

のいずれかで、工学社編集部宛にお願いします。電話によるお問い合わせはご遠慮ください。

サポートページは下記にあります。

［工学社サイト］http://www.kohgakusha.co.jp/

I/O BOOKS

超カンタン！ 今どきの自作PC

2020年10月25日　初版発行　© 2020

編　集	I/O編集部
発行人	星　正明
発行所	株式会社工学社
	〒160-0004 東京都新宿区四谷4-28-20　2F
電話	(03)5269-2041 (代) ［営業］
	(03)5269-6041 (代) ［編集］
振替口座	00150-6-22510

※定価はカバーに表示してあります。

［印刷］シナノ印刷（株）

ISBN978-4-7775-2125-8